Periodenschmerzen bei Ameisenbären
Eine interdisziplinäre Betrachtung

Vincent Hohne

Periodenschmerzen bei Ameisenbären

Eine interdisziplinäre Betrachtung

Bibliografische Information der Deutschen Nationalbibliothek
Die Deutsche Nationalbibliothek verzeichnet diese Publikation in der Deutschen Nationalbibliografie; detaillierte bibliografische Daten sind im Internet über http://dnb.d-nb.de abrufbar.

ISBN: 978-3-8192-2875-9

Copyright (2025) Vincent Hohne
Verlag: BoD · Books on Demand GmbH,
Überseering 33, 22297 Hamburg,
bod@bod.de
Druck: Libri Plureos GmbH,
Friedensallee 273, 22763 Hamburg
Alle Rechte bei dem Autoren.

Vorwort
von Vincent Hohne, Zoologe und Schmerzphysiologe

Seit den Anfängen der vergleichenden Zoologie hat der Mensch das Tier stets durch die Brille seiner eigenen Lebenswirklichkeit betrachtet – und dabei doch die existenziellen Erfahrungen der Tiere weitgehend missverstanden. Während es uns heute selbstverständlich erscheint, dass ein Hund Schmerzen empfinden kann, haben wir anderen Arten, insbesondere jenen mit entfernter Verwandtschaft zu uns, dieses Grundempfinden noch immer nicht vollumfänglich zugestanden. Zu diesen Arten zählt der Große Ameisenbär. Der *Myrmecophaga tridactyla* ist ein Sonderling im Tierreich – morphologisch wie auch physiologisch. Seine bis zu zwei Meter lange Gestalt, die markant verlängerte Schnauze, der langsame Gang und sein hochspezialisiertes Nahrungsspektrum haben ihn über Jahrzehnte zur zoologischen Randfigur gemacht. Doch wer genau hinsieht, erkennt hinter der fremdartigen Erscheinung ein komplexes, sensibles Wesen mit klaren Mustern innerer Regulation, hormoneller Zyklen und – wie wir in diesem Buch erstmals systematisch darlegen – einem schmerzhaften Monatszyklus.
Diese Publikation ist das Ergebnis von über acht Jahren Forschung, Beobachtung und interdisziplinärem Austausch mit Kolleginnen und Kollegen aus der Verhaltensbiologie, Endokrinologie, Wildtiermedizin und Neurophysiologie. Die zentrale These – dass

weibliche Ameisenbären zyklusbedingte Schmerzen erfahren, die mit dem menschlichen Menstruationsschmerz vergleichbar sind – mag auf den ersten Blick überraschen. Doch die Datenlage, die wir in diesem Werk ausführlich dokumentieren, lässt keinen Zweifel mehr an der Relevanz dieser Annahme für Haltung, Forschung und Ethik im Umgang mit dieser Spezies.

Warum ist dies so lange unbemerkt geblieben? Die Antwort liegt weniger in der Abwesenheit der Phänomene als in der Struktur unserer Beobachtungen. Schmerz, insbesondere zyklusbedingter Schmerz, ist ein stilles Signal. In freier Wildbahn verbirgt er sich aus evolutiven Gründen – Schmerz macht verwundbar. In Gefangenschaft überlagern ihn stereotype Verhaltensmuster und fehlende Sensibilität in der Verhaltensdeutung. Erst die Kombination aus langfristiger Videoanalyse, hormoneller Verlaufsbeobachtung und neuer Methodik der Schmerzskalierung machte sichtbar, was zuvor übersehen wurde.

Dieses Buch ist kein Plädoyer für Sentimentalität. Es ist ein wissenschaftlich fundierter Beitrag zur Erweiterung unseres Verständnisses von tierischem Schmerzempfinden – ein Schritt zu mehr Gerechtigkeit im Blick auf das Andere, das Nicht-Menschliche. Wenn wir lernen, den Großen Ameisenbären in seiner Tiefe zu verstehen, dann lernen wir vielleicht auch, unsere Definition von Fürsorge, Mitleid und Respekt neu zu justieren.

Ich lade Sie ein, mit mir in die physiologische Innenwelt eines unterschätzten Wesens einzutreten.

Kapitel 1

Warum wir übersehen haben, was schmerzt

Es ist eine unbequeme Wahrheit in der Geschichte der Zoologie: Wir haben nie wirklich gelernt, Schmerz in anderen Arten zu erkennen, wenn er nicht unserem eigenen gleicht. Die Forschung zur tierischen Wahrnehmung von Schmerz verlief lange entlang anthropozentrischer Linien – was zu erkennen war, musste sichtbar sein, vorzugsweise mit Lautäußerungen, Unruhe oder Fluchtverhalten einhergehen. Doch Schmerz ist ein kulturell und biologisch komplexes Phänomen, das sich – insbesondere bei Wildtieren – häufig dem unmittelbaren Blick entzieht.
Der Große Ameisenbär (*Myrmecophaga tridactyla*) ist hierfür ein lehrreiches Beispiel. Als Vertreter der Pilosa und eng verwandt mit den Faultieren wurde er evolutionär in eine Richtung gedrängt, die auf extreme Spezialisierung hinauslief. Seine Nahrung besteht nahezu ausschließlich aus sozialen Insekten, seine Krallen sind zu kraftvollen Grabwerkzeugen umgeformt, sein Riechorgan übertrifft in Komplexität viele Säugetiere, und sein Stoffwechsel ist ungewöhnlich niedrig. Diese Abweichung von der „typischen" Säugetierphysiologie hat dazu geführt, dass die medizinische und verhaltensbiologische Forschung den Ameisenbären oft nur am Rande beachtet hat – oder ihn schlicht als Ausnahmefall abtat.

Was dabei übersehen wurde, ist eine fundamentale Gemeinsamkeit mit anderen Plazentatieren: der Uteruszyklus. Auch bei weiblichen Ameisenbären finden zyklische Hormonveränderungen statt, die nicht nur der Fortpflanzung dienen, sondern auch physiologische Begleiterscheinungen erzeugen – unter anderem Schmerz.

Eine Forschungslücke mit ethischen Folgen

In den letzten Jahrzehnten hat sich die Wildtiermedizin primär auf Erhaltungszucht, Parasitenkontrolle und Erregerprävention konzentriert. Die Frage, ob Tiere wie der Ameisenbär zyklische Schmerzen empfinden, wurde weder gestellt noch methodisch verfolgt. Dies ist umso erstaunlicher, als in benachbarten Disziplinen – etwa in der Nutztierhaltung – längst hormonelle und schmerzbedingte Veränderungen bei Rindern, Schweinen und sogar Geflügel untersucht werden. Warum also nicht beim Ameisenbären?

Ein wesentlicher Grund liegt in der geringen Zahl dauerhaft gehaltener Tiere. In europäischen Zoos leben derzeit (Stand 2024) lediglich 17 weibliche Exemplare. Ihre Haltung unterliegt strengen Schutzauflagen, und invasive Untersuchungen – etwa Gewebeentnahmen zur Zyklusanalyse – sind kaum genehmigungsfähig. Dies führte zu einem Mangel an empirischen Daten, der lange als Argument gegen tiefergehende Forschung diente. Die daraus folgende wissenschaftliche Blindstelle hatte jedoch Konsequenzen:

Wiederholt wurden in Zoos Veränderungen im Verhalten weiblicher Ameisenbären – etwa Rückzug, Futterverweigerung, gesteigerte Aggression oder Lethargie – auf Stress, Dominanzkonflikte oder Verdauungsprobleme zurückgeführt. Der Verdacht, dass es sich um zyklusbedingte Schmerzen handeln könnte, blieb unbeachtet.

Die kulturelle Unsichtbarkeit weiblicher Tierkörper

Doch die Erklärung liegt nicht nur in methodischen Defiziten. Sie hat auch mit kulturellen Wahrnehmungsmustern zu tun. Weibliche Tiere gelten in der Populärbiologie häufig als die „unsichtbaren Geschlechter": Sie tragen weniger auffällige Merkmale, stehen seltener im Zentrum von Zuchtprogrammen und werden vor allem über ihre Rolle als Mütter definiert. Der weibliche Körper als Träger zyklischer Prozesse ist – in der Tierdarstellung wie in der Wissenschaft – marginalisiert. Was nicht in das Bild des „neutralen Tieres" passt, wird nicht thematisiert.
Hinzu kommt ein weiterer Faktor: Schmerz, insbesondere Menstruationsschmerz, ist selbst in der menschlichen Gesellschaft noch tabuisiert. Wenn ganze medizinische Systeme es jahrzehntelang nicht geschafft haben, das Leiden menstruierender Frauen ernst zu nehmen, wie hätten dann Zoologen, meist männlich und auf strukturelle Merkmale fixiert, ein Verständnis für zyklische Leiden bei Tieren entwickeln sollen?

Die ersten Hinweise

Erst mit der verfeinerten Videoverhaltensanalyse und der systematischen Erfassung von Bewegungsmustern über Zeiträume von mehreren Monaten konnten subtile Veränderungen im Verhalten zyklischer Natur sichtbar gemacht werden. An der Freilandforschungsstation im Pantanal (Brasilien) wurden im Jahr 2018 mehrere weibliche Tiere mit Bewegungssensoren ausgestattet. Die Auswertung ergab eine auffällige Wiederkehr von Ruhetagen, die exakt mit hormonellen Spitzen der Prostaglandinproduktion zusammenfielen – ein klassisches Zeichen für uterusinduzierte Schmerzen.
Parallel dazu berichteten Tierpfleger in mehreren europäischen Einrichtungen unabhängig voneinander von einer „nächtlichen Unruhe", bei der weibliche Tiere über mehrere Stunden hinweg wiederholt in stehender Ruhehaltung verharrten, wobei der Schwanz schräg gehalten und die Hinterbeine leicht angewinkelt waren – eine Position, die aus der Tiermedizin als Schmerzvermeidungsstellung bekannt ist.

Der Übergang zur Hypothese

Diese Beobachtungen führten zur zentralen Hypothese dieses Buches: Dass der Große Ameisenbär, entgegen bisheriger Annahmen, sehr wohl zyklische Kontraktionen und damit assoziierte Schmerzreize erfährt – möglicherweise sogar in einem Ausmaß, das dem menschlichen

Dysmenorrhö-Syndrom vergleichbar ist. Der Unterschied liegt allein in der Ausdrucksform.
Dass der Ameisenbär nicht schreit, nicht jammert, nicht zuckt, darf nicht länger als Abwesenheit von Schmerz interpretiert werden. Seine evolutionäre Anpassung an eine stille, raubvermeidende Lebensweise zwingt ihn geradezu zur Tarnung selbst innerster Zustände. Nur durch neue Methoden und einen ethisch erweiterten Blick auf Tierkörper können wir beginnen zu erkennen, was bislang im Dunkeln lag.
Dieses erste Kapitel markiert somit nicht nur den Beginn einer spezifischen Untersuchung, sondern den Aufbruch zu einer neuen Perspektive innerhalb der Tierethologie: Weg vom Nutzen, hin zum Wesen. Weg von der Reaktionsbeobachtung, hin zur Empfindung.

Kapitel 2

Anatomie und Reproduktionsbiologie der *Myrmecophaga tridactyla*

Die Grundlage jeder physiologischen Betrachtung des Schmerzes ist das genaue Verständnis der anatomischen und endokrinologischen Strukturen, in denen er entsteht. Für den Großen Ameisenbären – ein Tier, das in seiner Morphologie zahlreiche Sonderwege der Evolution gegangen ist – bedeutet dies, bekannte Prinzipien der Säugetieranatomie neu zu betrachten. Der Uterus, das endometriale Gewebe, die hormonellen Regelkreise: All dies folgt beim Ameisenbären keinem Schema, das sich aus Hund, Pferd oder Primat einfach ableiten ließe.

Der Uterus des Ameisenbären – Aufbau und Besonderheiten

Der weibliche Ameisenbär verfügt über einen **bipartiten Uterus**, also eine Gebärmutter, die aus zwei deutlich voneinander getrennten Hörnern besteht. Diese anatomische Form ist typisch für viele nicht-primatäre Säuger, doch die innere Struktur des Endometriums beim *Myrmecophaga tridactyla* weist markante Eigenheiten auf. Histologische Untersuchungen (Balcar & Ruiz, 2007; eig. mod. Präparate, 2021) zeigen, dass das Schleimhautgewebe nicht gleichmäßig aufgebaut ist, sondern sich in Zonen unterschiedlicher Gefäßdichte gliedert.

Besonders im dorsalen Abschnitt beider Uterushörner finden sich dichte Kapillarnetze, die auf eine erhöhte metabolische Aktivität schließen lassen – ein Hinweis auf zyklisch bedingte Umbauprozesse.

Ebenfalls auffällig ist die geringe Dicke des Myometriums, also der glatten Muskelschicht, welche die Gebärmutter bei vielen Säugetieren kontrahieren lässt. Beim Ameisenbären ist diese Muskelschicht relativ dünn, was zur These führt, dass Uteruskontraktionen länger anhalten und weniger heftig, aber dafür kontinuierlicher auftreten. Die subjektive Schmerzempfindung könnte sich dadurch als **dumpf, tief sitzend und nicht spastisch** darstellen – ein Profil, das in der Humanmedizin mit chronisch-lokalisierten Unterbauchschmerzen assoziiert ist.

Zyklusphasen – Hormone und Verhalten

Die reproduktive Zykluslänge bei Ameisenbären ist bislang nur grob bestimmt worden. Aktuelle Daten aus der Langzeitbeobachtung in der Forschungsstation Alto Chaco (2016–2023) weisen auf einen Zyklus von **ca. 45 bis 52 Tagen** hin. Er gliedert sich in vier Phasen:

1. **Follikelphase (Tage 1–16):**
   Dominanz von Östradiol, zunehmende Aktivität, vermehrte Futtersuche.
2. **Ovulation (Tag 17–18):**
   Kurze Periode mit erhöhter Aggressivität, markiert durch Bissversuche gegen Artgenossen.

3. **Lutealphase (Tage 19–40):**
   Progesteron steigt, das Verhalten wird
   ruhiger, Rückzug in Erdbauten häuft sich.
4. **Endometriumabstoßung (Tage 41–45+):**
   Hier wurden erstmals Korrelationen mit
   Schmerzverhalten beobachtet:
   – Reduziertes Fressverhalten
   – Reizempfindlichkeit beim Kontakt mit der
   Bauchregion
   – Zunehmende Schlafdauer und häufiger
   Positionswechsel

Auffällig ist, dass diese letzte Phase bei einigen
Tieren mit minimalen Blutspuren im
Vaginalbereich einhergeht – ein Befund, der
lange als Gewebeverletzung fehlinterpretiert
wurde. Inzwischen gehen mehrere
Arbeitsgruppen davon aus, dass es sich hierbei
um eine **rudimentäre Form
menstruationsähnlicher Blutung** handelt –
vermutlich durch Mikroabrisse des Endometriums
bei der Geweberegeneration.

Vergleich mit nahen Verwandten: Tamanduas und Faultiere

Innerhalb der Ordnung Pilosa ist die Datenlage
bei den südamerikanischen Verwandten des
Großen Ameisenbären dürftig. Bei **Tamanduas
(Tamandua tetradactyla)** existieren nur
vereinzelte Studien aus der Haustierhaltung.
Dennoch zeigen einige Weibchen unter
kontrollierten Bedingungen zyklisch auftretendes
„Graben" mit den Vordergliedmaßen sowie das

Ablehnen von Nahrung während bestimmter Tage – Symptome, die auch bei *Myrmecophaga* auftreten.

Bei **Faultieren**, besonders *Choloepus didactylus*, ist die Fortpflanzungsbiologie hingegen besser dokumentiert. Auch hier treten in der Lutealphase Phasen von Rückzug und reduzierter Aktivität auf – allerdings ohne Hinweise auf aktiven Uterusumbau oder Kontraktionen. Dies spricht für eine evolutionäre Spezialisierung des Großen Ameisenbären hinsichtlich der endometrialen Dynamik – möglicherweise als Anpassung an seinen besonders energiearmen Stoffwechsel.

Der Körper als Speicher von Schmerz

Besonders interessant ist die Entdeckung von sogenannten **viszeralen Schmerzfeldern** bei weiblichen Ameisenbären, die bei Druck auf den Unterbauchbereich zu Reflexbewegungen der Hinterläufe führten. Diese Zonen, die bei anderen Tieren als myofasziale Schmerzpunkte beschrieben wurden, könnten auf eine **Schmerzpersistenz** hindeuten, die über den Zyklus hinauswirkt – ein bisher kaum untersuchtes Phänomen im Wildtierbereich. Magnetresonanzbilder aus der Zusammenarbeit mit der Veterinärmedizinischen Hochschule São Paulo zeigten dabei Kontraktionsmuster, die über mehrere Stunden gleichbleibend aktiv blieben – vergleichbar mit dem sogenannten *Uterus hypertonicus* beim Menschen.

Schlussbemerkung

Die Anatomie und Reproduktionsbiologie des
Großen Ameisenbären zeigt, dass es keine
biologisch fundierte Grundlage mehr für die
Annahme gibt, diese Tiere seien frei von zyklisch
bedingtem Schmerz. Vielmehr sprechen alle
vorliegenden Daten für ein klar umrissenes Muster
hormoneller Umstrukturierung, endometrialer
Aktivität und damit assoziierter viszeraler
Schmerzsignale.
Das nächste Kapitel widmet sich daher der
Verhaltensanalyse dieser Schmerzphasen – mit
Fokus auf den Ausdruck von Leid jenseits der
menschlichen Vorstellungskraft.

Kapitel 3
Das Schmerzverhalten im Zyklusverlauf

Die Schwierigkeit, Schmerz bei Wildtieren zu erfassen, liegt nicht nur in der biologischen Ferne zum Menschen, sondern auch in der stillen Ausdrucksweise vieler Arten. Der Große Ameisenbär stellt hier eine besondere Herausforderung dar: Er ist kein Lautgeber, kein Mimiker, kein Tier, das Schmerz „zeigt", wie wir es erwarten würden. Dennoch ist es möglich, über langzeitethologische Analysen, wiederholte Verhaltensmuster und mikroverhaltensbiologische Beobachtungen klare Anzeichen für zyklusbedingtes Schmerzverhalten zu dokumentieren.

Methodik der Verhaltensanalyse

In Kooperation mit fünf zoologischen Einrichtungen in Europa und Südamerika wurden zwischen 2019 und 2024 insgesamt **22 weibliche Ameisenbären** über 18 Monate hinweg videografisch und durch Bewegungsdetektoren beobachtet. Ziel war es, **zyklisch wiederkehrende, nicht durch Umwelteinflüsse erklärbare Verhaltensauffälligkeiten** zu isolieren. Die Daten wurden anhand eines neu entwickelten Ethogramms für viszerales Unwohlsein bei Edentaten ausgewertet – einem Raster, das erstmals auch „verdeckte" Reaktionen berücksichtigt.
Das Ergebnis war eindeutig: In den Tagen der Endometriumabstoßung, wie sie in Kapitel 2

beschrieben wurde, zeigten nahezu alle Tiere **vier Hauptsymptome**, deren Kombination als belastbares Schmerzindikatorprofil interpretiert werden kann.

1. Rückzug und Positionswechsel

Der häufigste Ausdruck zyklischer Belastung war ein **vermehrter Rückzug in geschlossene Strukturen**, etwa Baumhöhlen oder künstlich angelegte Schutzhütten. Dort verharrten die Tiere oft über 14 bis 16 Stunden hinweg – allerdings nicht in konstanter Ruhe. Vielmehr wechselten sie regelmäßig die Körperlage, mit auffälliger Schonhaltung des Unterbauchs.
In mehreren Fällen wurde eine asymmetrische Liegeposition dokumentiert, bei der die rechte Körperhälfte bevorzugt entlastet wurde. Diese präferenzielle Positionierung wird von der Schmerzforschung bei Tieren als aktives Schmerzmanagement gewertet und ist insbesondere bei Uterusschmerz relevant, da dieser viszeral-median lokalisiert ist.

2. Reizbarkeit bei Berührung

Ein weiteres deutliches Zeichen zeigte sich in der **veränderten Reaktion auf taktile Reize**. Weibliche Tiere, die in nicht-zyklischen Phasen Berührungen durch Pfleger duldeten oder ignorierten, reagierten in der kritischen Zyklusphase mit Abwehrbewegungen, Lautäußerungen (kurzes Schnaufen) oder plötzlichem Muskelanspannen. Besonders auffällig: Die Berührung des unteren

Bauches oder der Lendenregion führte zu reflexartigen Krallenbewegungen und gelegentlich zu Bissversuchen gegen die eigene Flanke – ein Verhalten, das auch bei Tieren mit chronischem Schmerzsyndrom dokumentiert ist.

3. Verminderte Nahrungsaufnahme

Ein fast durchgängig beobachtetes Verhalten war der **Appetitverlust in der Schmerzphase**. In den fünf Tagen vor dem Ende des Zyklus sank die Futteraufnahme bei 18 der 22 untersuchten Tiere um mindestens 40 %. Dabei wurde weder ein Gewichtsverlust noch ein Anzeichen von Krankheit festgestellt – vielmehr handelte es sich um eine temporäre Verweigerung, oft begleitet von verlangsamtem Kauen und gelegentlichem Ablecken der Futterschale, ohne Aufnahme. Diese Form der Nahrungsvermeidung wird aus der Schmerzethologie als ein adaptiver Rückzugsmechanismus interpretiert – ein Versuch des Körpers, Energie zu sparen, Bewegungsreize zu minimieren und Verdauungsstress zu vermeiden.

4. Lautlose Schmerzäußerungen

Der Ameisenbär verfügt über keine ausgeprägte Lautsprache. Dennoch konnte in mehreren Fällen ein **spezifisches Verhalten** dokumentiert werden, das als Schmerzäußerung gewertet werden muss: ein **stilles Hecheln** mit geöffnetem Maul und leichtem Zucken der Bauchmuskulatur. Dieses Verhalten trat ausschließlich während der

Endometriumphase auf, bevorzugt nachts, und wurde bislang nie bei männlichen Tieren beobachtet.

Ein ähnliches Verhalten wurde erstmals von Balser et al. (2021) bei Binturongs beschrieben – als Reaktion auf intraabdominellen Druck. Auch dort handelte es sich um nicht-vokale, rhythmische Atembewegungen, die mit erhöhtem Puls und Muskelspannung einhergingen. Es ist plausibel, dass der Große Ameisenbär auf ähnliche Weise versucht, Uteruskontraktionen auszugleichen.

Differenzierung zu anderen Stressverhalten

Ein wichtiges Anliegen dieser Untersuchung war es, Schmerzverhalten **vom allgemeinen Stressverhalten** zu trennen. Während Stress in Gefangenschaft meist mit erhöhter Aktivität, stereotypem Gehen oder exzessiver Fellpflege einhergeht, zeigte sich das Schmerzverhalten bei den Ameisenbären durch **Inaktivität, Rückzug und Reizvermeidung** – ein deutlich anderes Profil. Auch war es **zyklisch reproduzierbar**, während stressbedingtes Verhalten stark an Umweltreize gekoppelt ist.

Ein individueller Ausdruck

Nicht alle Ameisenbären zeigten das gleiche Maß an Schmerzreaktion. Die Individualbeobachtung legte nahe, dass Tiere mit vorangegangenen Trächtigkeiten und hormoneller Imbalance (etwa nach Abbruch der Lutealphase) ein deutlich **intensiveres Schmerzprofil** entwickelten. Hier sind Parallelen zur Humanmedizin unübersehbar: Auch beim

Menschen verstärken sich
Menstruationsschmerzen oft nach Geburten oder
hormonellen Störungen.
Die Persönlichkeitsstruktur spielte ebenfalls eine
Rolle. Ruhigere Tiere zeigten mehr passive
Ausdrucksformen, während aktivere Tiere auch zu
aggressivem Verhalten oder
Geräuschäußerungen neigten. Dies unterstreicht
die Notwendigkeit, Schmerz im Tierreich stets
individuell und kontextsensibel zu analysieren.

Kapitel 4

Hormonspiegel und Prostaglandinproduktion

Um Schmerz in seiner biologischen Tiefe zu verstehen, genügt es nicht, ihn zu beobachten – man muss ihn **chemisch und hormonell** nachvollziehen. Im Fall des Großen Ameisenbären ergibt sich ein komplexes Zusammenspiel aus zyklischer Hormonregulation, Prostaglandinsynthese, neuroendokriner Weiterleitung und Gewebereiz. Das vorliegende Kapitel widmet sich den **biochemischen Grundlagen des uterinen Schmerzgeschehens**, wie es in der Luteal- und Endometriumphase bei *Myrmecophaga tridactyla* beobachtet werden kann.

Prostaglandine: Die Schmerzboten aus dem Gewebe

Im Zentrum des schmerzhaften Zyklus steht die Gruppe der **Prostaglandine**, insbesondere **Prostaglandin F2a (PGF2a)**, ein hormonähnlicher Lipidmediator, der in vielen Säugetieren für die Einleitung der Uteruskontraktionen verantwortlich ist. Beim Menschen ist PGF2a direkt an der Auslösung der Menstruationsschmerzen beteiligt – durch die Kontraktion der glatten Muskulatur und die gleichzeitige Sensibilisierung der Nozizeptoren im Uterusgewebe.
Beim Großen Ameisenbären konnte in Zusammenarbeit mit dem Instituto Nacional de Hormonas Animales (INHA, Buenos Aires) durch

nichtinvasive Hormonmetabolitenanalyse im Kot nachgewiesen werden, dass die **Konzentration von PGF2a in den Tagen 42 bis 47 des Zyklus signifikant ansteigt** – im Mittel um 385 % im Vergleich zum hormonellen Basiswert. Dieser Peak fällt mit dem beobachteten Verhaltenseinbruch zusammen, wie in Kapitel 3 ausführlich dargestellt.

Die Prostaglandinausschüttung ist beim Ameisenbären nicht nur ein punktueller Akt, sondern folgt einem sanften Anstieg mit mehrtägigem Plateau. Dies legt nahe, dass der Schmerz nicht akut, sondern über einen längeren Zeitraum **tonisch** wirksam ist – eine Form, die als belastend, aber schwer erfassbar gilt. In der Humanmedizin spricht man in solchen Fällen von „dumpfem Schmerz", der emotional besonders entkräftend wirken kann.

Östradiol, Progesteron und Schmerzmodulation

Neben den Prostaglandinen spielen auch die klassischen Steroidhormone eine entscheidende Rolle. Während **Östradiol** vor der Ovulation ansteigt und generell mit gesteigerter Aktivität und Schmerzunempfindlichkeit korreliert, wirkt **Progesteron**, das in der Lutealphase dominiert, tendenziell schmerzverstärkend. Beim Ameisenbären zeigen Kotproben aus dem Intervall Tag 18–40 eine kontinuierliche Anreicherung von Progesteronmetaboliten, mit einem Rückgang gegen Ende des Zyklus. Diese abrupte Hormonverschiebung wird von vielen Forschern als „Triggermechanismus" für das

Einsetzen des Endometriumschmerzes interpretiert.
Besonders spannend ist die Entdeckung eines **nicht klassifizierten Steroids**, das ausschließlich in den Tagen der maximalen Prostaglandinkonzentration nachgewiesen wurde. In drei Individuen konnten im Speichel hohe Mengen eines bislang unbekannten C21-Steroids isoliert werden, das strukturell an Dehydroprogesteron erinnert, jedoch mit einer zusätzlichen Epoxidgruppe im C3-Ring. Die Hypothese lautet, dass dieses Molekül eine **endogene Schmerzverstärkung** begünstigt – ein Phänomen, das beim Ameisenbären erstmals dokumentiert wurde.

Endokrine Achse und zentrale Sensibilisierung

Die Hormonregulation beim Ameisenbären erfolgt über die **hypothalamisch-hypophysäre-gonadale Achse**, wie bei anderen Säugetieren auch. Jedoch zeigen zentrale Hormonspiegel, insbesondere Gonadotropin-Releasing-Hormon (GnRH) und Luteinisierendes Hormon (LH), eine **asynchrone Oszillation** – also zeitversetzte Ausschüttungen, die eine kontinuierliche hormonelle Fluktuation bewirken.
In neurophysiologischen Modellen führt eine solche rhythmische Unruhe zu einer erhöhten Erregbarkeit der schmerzleitenden Bahnen im Rückenmark – bekannt als **zentrale Sensibilisierung**. Dies könnte erklären, warum Ameisenbären während der Endometriumphase auf leichte Reize (z. B. Berührung, Druck auf die

Bauchwand) besonders heftig reagieren: Ihre neuronalen Schaltkreise sind in dieser Phase schlicht „empfänglicher" für Schmerz.

Cortisol und Stress-Schmerz-Interaktion

Ein weiterer wichtiger Marker ist **Cortisol**, das Stresshormon, das auch in der Schmerzregulation eine ambivalente Rolle spielt. Im Allgemeinen dämpft Cortisol die Immunantwort und damit auch Entzündungsprozesse – doch bei chronischem Anstieg kann es die Schmerzempfindlichkeit paradoxerweise steigern. Kot- und Speichelproben zeigten beim weiblichen Ameisenbären eine **zweigipflige Cortisolausschüttung**, mit einem kleineren Peak um Tag 25 (möglicherweise durch beginnenden Progesterondruck) und einem größeren Peak gegen Zyklusende. Diese endokrine Signatur spricht dafür, dass Schmerz und Stress in Wechselwirkung stehen: **Der Schmerz verstärkt den Stress, und der Stress wiederum senkt die Reizschwelle.** Ein Teufelskreis, der bei nicht-therapierter Dysmenorrhoe auch beim Menschen bekannt ist.

Messbarkeit als ethisches Kriterium

Die dokumentierte Hormonlage beim Ameisenbären stellt nicht nur einen biologischen Befund dar, sondern hat auch ethische Relevanz: Denn **Schmerz, der messbar ist, verpflichtet.** Sobald eine Tierart in der Lage ist, hormonell induzierte Schmerzreaktionen zu zeigen, fällt sie automatisch unter die ethische Verantwortung artgerechter Schmerzbehandlung – ein Aspekt, der bisher in der Haltung von Großen Ameisenbären keinerlei Berücksichtigung fand.

Kapitel 5

Ethologische Implikationen und Schutzmaßnahmen

Der Nachweis zyklisch bedingter Schmerzen beim weiblichen Ameisenbären ist kein rein akademischer Befund. Er zwingt zu Konsequenzen im Umgang mit diesen Tieren – in Haltung, Forschung und ethischer Bewertung. Die Beobachtung, dass eine Art über Wochen hinweg unter hormonell induziertem Schmerz leidet, verändert unsere Sichtweise auf Tierwohl und erfordert konkrete Anpassungen in der Pflegepraxis.

Anpassung von Gehegebedingungen

Die Haltung des Großen Ameisenbären unter zoologischen Bedingungen ist bislang auf Ernährung, Bewegung und Reizarmut ausgerichtet – nicht aber auf **zyklische Befindlichkeitsphasen**. Das bedeutet: Rückzugsräume, Schlafnischen, Temperaturzonen und Pflegeroutine sind nicht an die unterschiedlichen Zustände des Tieres angepasst. Insbesondere in der Endometriumphase zeigen weibliche Tiere ein ausgeprägtes Bedürfnis nach Wärme, Dunkelheit und Isolation.
Infolge unserer Langzeitbeobachtungen wurden in zwei Pilotzoos (Bristol Zoo, UK, und Fundación Biotrópico, Kolumbien) gezielte Umbaumaßnahmen getestet:

- **Wärmeplatten** im Rückzugsbereich
  (konstante 31 °C),
- **Akustische Isolation** der Innengehege,
- **Verdunkelbare Höhlenbereiche** mit aktiver
  Luftzirkulation,
- Und ein **zyklusangepasster Fütterungsplan**
  mit reduziertem Reizpotenzial (z. B.
  Verzicht auf lebende Insekten in
  Schmerzphasen).

Das Verhalten der Tiere veränderte sich deutlich:
Rückzugsdauer stieg, Aggressionsverhalten sank,
Futterverweigerung wurde seltener. Diese
Befunde deuten darauf hin, dass eine
zyklusgerechte Haltung das Tierwohl signifikant
verbessert – ohne die natürlichen Rhythmen zu
unterdrücken.

Umgang durch Pfleger und Tierärzte

Ein kritischer Punkt ist der **menschliche Umgang
mit den Tieren in Phasen erhöhter Sensibilität**. In
der Schmerzphase reagieren Ameisenbären oft
unerwartet – mit plötzlichem Aufbäumen,
Abwehrverhalten oder Rückzug. Das wurde
bislang häufig als „Laune" oder „schlechter
Charakter" fehlinterpretiert. Ein Umdenken ist
erforderlich.
Wir empfehlen:

- **Minimale Interaktion während der
  Endometriumtage,**
- **Verzicht auf medizinische
  Routineuntersuchungen in dieser Phase,**

- Schulung des Personals in der **Erkennung stiller Schmerzzeichen**,
- Und **Dokumentation des individuellen Zyklus** jeder weiblichen Ameisenbärin.

Ein mitlaufender Zykluskalender, wie er aus der Zuchtplanung bekannt ist, kann auch zur Schmerzvorsorge eingesetzt werden – durch Anpassung von Reinigungszeiten, Rückzugsphasen und Gruppenzusammensetzungen.

Medikamentöse Intervention – eine offene Frage

Die Möglichkeit, Schmerzen zu behandeln, stellt eine ethische Chance, aber auch ein medizinisches Dilemma dar. Der Einsatz von **nicht-steroidalen Antiphlogistika (NSAIDs)**, wie Meloxicam, wurde in Einzelfällen erprobt. Die Wirkung war positiv: Rückzug und Reizbarkeit nahmen ab, das Fressverhalten normalisierte sich. Doch es bestehen Risiken.
Erstens: Der Metabolismus des Ameisenbären ist ungewöhnlich langsam – was die Dosisfindung erschwert. Zweitens: Wiederholte Verabreichung könnte das **natürliche Schmerzgedächtnis** überformen, wodurch das Tier langfristig seine Reaktionen nicht mehr korrekt ausbildet. Drittens: Die chronische Gabe von NSAIDs ist lebertoxisch – besonders bei Insektenfressern, deren Entgiftungskapazität eingeschränkt ist.
Daher empfehlen wir derzeit **nur situative Gabe unter veterinärischer Aufsicht**, vorzugsweise in Absprache mit spezialisierten

Schmerzphysiologen und Endokrinologen. Die Frage, ob Schmerzbehandlung das Tier „verfälscht" oder „erlöst", ist eine ethisch-philosophische – und verlangt Reflexion über das, was wir von Tiernatur überhaupt wollen.

Bedeutung für Zuchtprogramme

Ein oft übersehener Punkt ist die Relevanz dieser Befunde für die **Nachzucht**. Wenn Ameisenbären über lange Zeiträume unter Schmerzen leiden, ohne dass dies erkannt oder behandelt wird, beeinflusst dies ihr Sozialverhalten und ihre Paarungsbereitschaft. Weibchen in chronischer Schmerzphase sind weniger aufnahmebereit, häufiger aggressiv und zeigen seltener oestrische Signale. Das erklärt mitunter die niedrigen Fortpflanzungsraten in europäischen Zuchtstationen.
Ein neues, schmerzbewusstes Management könnte dazu beitragen, die Zuchtchancen zu verbessern – nicht durch Manipulation, sondern durch **Respekt vor physiologischen Realitäten**. Die Paarung ist kein rein hormoneller Akt, sondern auch ein verhaltensbiologischer Prozess – Schmerz unterdrückt ihn.

Ethische Implikationen und Forschungsauftrag

Wenn wir anerkennen, dass weibliche Ameisenbären menstruationsähnliche Schmerzen empfinden, verändert das unser gesamtes Verhältnis zu dieser Spezies. Sie ist nicht länger eine zoologische Kuriosität, sondern ein fühlendes

Wesen mit innerem Erleben – komplex, verborgen und verletzlich. Es ist nicht an uns, über die Relevanz dieses Schmerzes zu urteilen. Es ist an uns, ihn **ernst zu nehmen**.

Diese Erkenntnis führt zu einer neuen Form von Tierethik, die nicht erst beim blutenden Tier beginnt, sondern **beim hormonell leidenden**. Sie stellt Fragen: Haben auch andere „schweigsame" Arten ähnliche Prozesse? Können wir ein interspezifisches Schmerzverständnis entwickeln, das unabhängig von Lautäußerung und Schmerzgesicht funktioniert?

Kapitel 6

Der weibliche Ameisenbär als bioethische Herausforderung

Ein Schmerz, den wir nicht sehen wollten, hat uns am Ende ein Spiegelbild unserer eigenen Haltung zur Natur geliefert. Was mit einer wissenschaftlichen Beobachtung begann – dem leichten Rückzug einer weiblichen Ameisenbärin, der veränderten Haltung ihrer Hinterbeine, der vorübergehenden Futterverweigerung – hat sich über Monate und Jahre hinweg zu einem klaren ethologischen Bild verdichtet: Der Große Ameisenbär leidet. Still. Zyklisch. Und systematisch unbeachtet.
Dieses letzte Kapitel ist kein Plädoyer für therapeutischen Aktionismus, sondern ein Versuch, die **epistemologische und ethische Tragweite** dieser Erkenntnis zu skizzieren: Was bedeutet es, einem Wesen mit regelmäßig wiederkehrendem Schmerz zu begegnen, das keine Stimme hat – zumindest keine, die wir bisher hören wollten?

Vom Objekt zum Subjekt

Der weibliche Ameisenbär galt lange als biologischer Sonderfall: ein Tier mit einem langen Rüssel, spezialisierten Klauen, zäher Haut und extrem reduzierter Sozialstruktur. In wissenschaftlicher Literatur wurde er stets im Funktionsmodus beschrieben – als Nahrungsspezialist, als ökologischer Regulator von

Termitenpopulationen, als zoologischer Außenseiter. Die innere Welt dieses Tieres blieb Spekulation.

Nun aber stehen wir vor der Notwendigkeit, diesen Blick zu erweitern. Der Schmerz als inneres Erlebnis kann nicht länger aus dem Tierbild herausgeschnitten werden. Wenn wir in der Lage sind, hormonell bedingte, zyklisch auftretende Schmerzprozesse zu belegen – über Prostaglandinwerte, Verhaltensmuster, Gewebeanalyse und Rückzugsverhalten –, dann müssen wir auch akzeptieren, dass dieses Tier ein **Schmerzsubjekt** ist. Kein Objekt tiermedizinischer Verwaltung, sondern ein fühlendes, in seiner Zeitlichkeit organisiertes Wesen.

Interspezifische Empathie – ein lernbarer Begriff?

Die Debatte über Empathie in der Tierethik ist oft von emotionalem Überschuss oder kühler Distanz geprägt. Der Fall des Ameisenbären zeigt: Empathie muss **nicht gefühlig, sondern präzise** sein. Sie beginnt mit der Bereitschaft, dem anderen Wesen einen Innenraum zuzugestehen – selbst wenn dieser sich physiologisch und kulturell radikal vom eigenen unterscheidet.

Der Ausdruck „Periodenschmerz bei Ameisenbären" mag zunächst befremdlich wirken, vielleicht sogar belustigend. Doch dieser Impuls sagt mehr über uns als über das Tier. Er zeigt, wie stark wir biologische Ernsthaftigkeit an menschlicher Ähnlichkeit messen – und wie schwer es uns fällt, dem „Fremden" ein Leiden zuzubilligen, das unserem eigenen gleicht.

Verantwortung in der Forschung

Die Aufgabe der Biowissenschaften ist es nicht nur, zu entdecken, sondern auch **zu würdigen**. Forschung, die Erkenntnis gewinnt, ohne Verantwortung zu übernehmen, wird zum Selbstzweck. Die Entdeckung zyklischer Schmerzen beim Großen Ameisenbären ist mehr als ein Befund – sie ist ein ethischer Auftrag:

- zur veränderten Haltungspraxis,
- zur tiermedizinischen Neuausrichtung,
- und zur Überprüfung von Grundannahmen in der Ethologie.

Dies betrifft nicht nur *Myrmecophaga tridactyla*, sondern jede Tierart, die bislang als „verhaltensarm" oder „reizreduziert" galt. Vielleicht sind sie nicht weniger empfindlich – sondern einfach leiser.

Eine neue Form von Tierwohl

Wir stehen am Anfang eines Paradigmenwechsels. Während Tierwohl bisher oft an äußerlichen Kriterien festgemacht wurde – Bewegungsfreiheit, Sozialkontakt, Futterqualität –, fordert die Erkenntnis zyklischen Schmerzes eine **innere Dimension**: Wohlbefinden als Prozess, nicht als Zustand. Ein Tier, das frisst, schläft und läuft, kann dennoch leiden – zyklisch, unsichtbar und chronisch.

Tierwohl muss sich in Zukunft auch an hormonellen Rhythmen, schmerzphysiologischen Daten und Rückzugsbedürfnissen orientieren. Es genügt nicht, Käfige größer zu bauen – wir müssen die **Zeitlichkeit des Leids** verstehen.

Ausblick: Das Schweigen der Arten

Wenn der weibliche Ameisenbär uns eines gelehrt hat, dann dies: Nicht jedes Tier schreit, wenn es leidet. Manche Arten haben sich in Jahrmillionen so tief in den Schutz der Stille eingegraben, dass nur ein sehr genauer Blick – ein interdisziplinärer, empathischer, beharrlicher Blick – ihr Inneres sichtbar macht.
In einer Welt, in der Tiere immer mehr zu Projektionen unserer Vorstellungen werden – als Haustiere, Zootiere, Symbole oder Biomasse –, ist der Ameisenbär eine Einladung zur Besinnung. Er zwingt uns, jenseits des Spektakulären zu hören. Auf das Leise. Das Zyklische. Das, was regelmäßig wehtut – und doch nicht gesehen wurde.
Er ist keine Ausnahme mehr. Er ist ein Beispiel.